真相秘密研究

熊 伟 编著 丛书主编 周丽霞

天气:喜怒无常的天气

汕頭大學出版社

图书在版编目（CIP）数据

天气：喜怒无常的天气 / 熊伟编著. -- 汕头 ：汕
头大学出版社，2015.3（2020.1重印）
（学科学魅力大探索 / 周丽霞主编）
ISBN 978-7-5658-1685-7

Ⅰ. ①天… Ⅱ. ①熊… Ⅲ. ①天气－青少年读物
Ⅳ. ①P44-49

中国版本图书馆CIP数据核字（2015）第027421号

天气：喜怒无常的天气　　　　　　　　TIANQI: XINUWUCHANG DE TIANQI

编　　著：熊　伟
丛书主编：周丽霞
责任编辑：邹　峰
封面设计：大华文苑
责任技编：黄东生
出版发行：汕头大学出版社
　　　　　广东省汕头市大学路243号汕头大学校园内　邮政编码：515063
电　　话：0754-82904613
印　　刷：三河市燕春印务有限公司
开　　本：700mm×1000mm　1/16
印　　张：7
字　　数：50千字
版　　次：2015年3月第1版
印　　次：2020年1月第2次印刷
定　　价：29.80元
ISBN 978-7-5658-1685-7

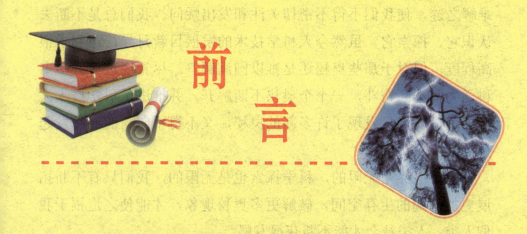

前言

　　科学是人类进步的第一推动力，而科学知识的学习则是实现这一推动的必由之路。在新的时代，社会的进步、科技的发展、人们生活水平的不断提高，为我们青少年的科学素质培养提供了新的契机。抓住这个契机，大力推广科学知识，传播科学精神，提高青少年的科学水平，是我们全社会的重要课题。

　　科学教育与学习，能够让广大青少年树立这样一个牢固的信念：科学总是在寻求、发现和了解世界的新现象，研究和掌握新规律，它是创造性的，它又是在不懈地追求真理，需要我们不断地努力探索。在未知的及已知的领域重新发现，才能创造崭新的天地，才能不断推进人类文明向前发展，才能从必然王国走向自由王国。

　　但是，我们生存世界的奥秘，几乎是无穷无尽，从太空到地球，从宇宙到海洋，真是无奇不有，怪事迭起，奥妙无穷，神秘莫测，许许多多的难解之谜简直不可思议，使我们对自己的生命现象和生存环境捉摸不透。破解这些谜团，有助于我们人类社会向更高层次不断迈进。

其实，宇宙世界的丰富多彩与无限魅力就在于那许许多多的难解之谜，使我们不得不密切关注和发出疑问。我们总是不断去认识它、探索它。虽然今天科学技术的发展日新月异，达到了很高程度，但对于那些奥秘还是难以圆满解答。尽管经过许许多多科学先驱不断奋斗，一个个奥秘不断解开，并推进了科学技术大发展，但随之又发现了许多新的奥秘，又不得不向新的问题发起挑战。

宇宙世界是无限的，科学探索也是无限的，我们只有不断拓展更加广阔的生存空间，破解更多奥秘现象，才能使之造福于我们人类，人类社会才能不断获得发展。

为了普及科学知识，激励广大青少年认识和探索宇宙世界的无穷奥妙，根据最新研究成果，特别编辑了这套《学科学魅力大探索》，主要包括真相研究、破译密码、科学成果、科技历史、地理发现等内容，具有很强系统性、科学性、可读性和新奇性。

本套作品知识全面、内容精炼、图文并茂，形象生动，能够培养我们的科学兴趣和爱好，达到普及科学知识的目的，具有很强的可读性、启发性和知识性，是我们广大青少年读者了解科技、增长知识、开阔视野、提高素质、激发探索和启迪智慧的良好科普读物。

目 录

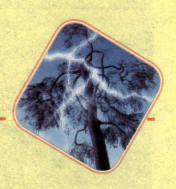

人类的灰色杀手

一种新的气象现象

霾，也称灰霾，是指原因不明的因大量烟、尘等微粒悬浮而形成的浑浊现象。霾的核心物质是空气中悬浮的灰尘颗粒，气象学上称为气溶胶颗粒。

空气中的灰尘、硫酸、硝酸、有机碳氢化合物等粒子也能使大气混浊，视野模糊并导致能见度恶化，如果水平能见度小于10000米时，将这种非水成物组成的气溶胶系统造成的视程障碍称为霾或灰霾，香港天文台称烟霞。

霾和雾的区别

发生霾时相对湿度不大，而雾中的相对湿度是饱和的。一般相对湿度小于80%时的大气混浊视野模糊导致的能见度恶化是霾造成的，相对湿度大于90%时的大气混浊视野模糊导致的能见度恶化是雾造成的，相对湿度介于80%至90%之间时的大气混浊视野模糊导致的能见度恶化是霾和雾的混合物共同造成的，但其主要成分是霾。

霾的厚度可达1000米至3000米左右。霾与雾、云不一样，与晴空区之间没有明显的边界，霾粒子的分布比较均匀，而且灰霾粒子的尺度比较小，从0.001微米至10微米，肉眼看不到空中飘浮的颗粒物。由于灰尘、硫酸、硝酸等粒子组成的霾，其散射波长较长的光比较多，因而霾看起来呈黄色或橙灰色。

而雾是由大量悬浮在近地面空气中的微小水滴或冰晶组成的气溶胶系统，是近地面层空气中水汽凝结的产物。雾的存在会降低空气透明度，使能见度恶化，如果目标物的水平能见度降低至1000米以内，就将悬浮在近地面空气中的水汽凝结物的天气现象称为雾。

一般雾的厚度比较小，常见的辐射雾的厚度大约从几十米至一二百米左右。雾和云一样，与晴空区之间有明显的边界，雾滴浓度分布不均匀，而且雾滴的尺度比较大，从几微米至100微

米，平均直径大约在10微米至20微米左右，肉眼可以看到空中飘浮的雾滴。

由于液态水或冰晶组成的雾散射的光与波长关系不大，因而雾看起来呈乳白色或青白色。

霾天气的危害和防御

在水平方向静风现象增多。近年来随着城市建设的迅速发展，大楼越建越高，阻挡和摩擦作用使风流经城区时明显减弱。静风现象增多，不利于大气污染物的扩展稀释，却容易在城区和近郊区周边积累。

垂直方向上出现逆温。逆温层好比一个锅盖覆盖在城市上空，这种高空的气温比低空气温更高的逆温现象，使得大气层低空的空气垂直运动受到限制，导致污染物难以向高空飘散而被阻滞在低空和近地面。

空气中悬浮颗粒物的增加。近些年来随着城市人口的增长和工业发展，机动车辆猛增，使得污染物排放和城市悬浮物大量增加，直接导致了能见度降低，使得整个城市经常看起来灰蒙蒙的。

霾为何是隐形杀手

霾影响身体健康。霾的组成成分非常复杂，包括数百种大气化学颗粒物质。其中有害健康的主要是直径小于10微米的气溶胶粒子，如矿物颗粒物、海盐、硫酸盐、硝酸盐、有机气溶胶粒子、燃料和汽车废气等，它能直接进入并黏附在人体呼吸道和肺叶中。尤其是亚微米粒子会分别沉积于上下呼吸道和肺泡中，引起鼻炎、支气管炎等病症，长期处于这种环境还会诱发肺癌。

霾天气还可导致近地层紫外线的减弱，易使空气中的传染性病菌的活性增强，传染病增多。

霾影响心理健康。阴沉的霾天气容易让人产生悲观情绪，使

人精神郁闷，遇到不顺心的事情甚至容易失控。

霾影响交通安全。出现霾天气时，视野能见度低，空气质量差，容易引起交通阻塞，发生交通事故。

延 伸 阅 读

灰霾又称大气棕色云，在中国气象局的《地面气象观测规范》中，灰霾天气被这样定义："大量极细微的干尘粒等均匀地浮游在空中，使水平能见度小于10千米的空气普遍有混浊现象，使远处光亮物微带黄、红色，使黑暗物微带蓝色。"

五大诡异云朵

荚状云

因其形状像一块凸透镜，在气象学上一般被称为凸透镜云，中文则为荚状云。这是一种高层小卷积云现象，是正常的大气现象，不过表现得较为极端。

在大陆副热带高压的控制下，虽然天空晴朗，但在高空，局部不均匀的冷热和水汽，常会发生小范围水汽冷凝成云现象，遇到相对较暖气流会马上消失。很多不明飞行物就是荚状云，即所谓飞碟云。

荚状高积云，云体中间厚边缘薄，云体中间呈暗灰色，边缘呈白色，轮廓分明，一般呈豆荚或椭圆形，孤立分散在天空。每当荚状云遮挡日、月光线时，即出现美丽的虹彩。

荚状云的成因多是由于空气流经山丘，受地形作用影响，空气被抬升至大气上方，气流在山丘后方以波浪状推进，在波峰上空气中的水分凝结成云，经过一段时间的积聚，便形成一层层像由大小不同的头盔堆叠而成的荚状云。

而另一种产生荚状云的原因是因为大气中局部上升气流和下降气流汇合而成所致。上升气流绝热冷却形成的云，遇到上方下降气流的阻挡时，云体不仅不能继续向上升展，而且其边缘部分因下降气流增温的结果，有蒸发变薄现象，故呈荚状，气流越山时，在山后引起空气的波动，也可形成荚状。

荚状云如果孤立出现，无其他云系相配合，多预示晴天，农谚有"天上豆荚云，地上晒煞人"。荚状高积云是山地影响气流形成的驻波作用下而生成，多出现在晴朗有风的天气。

乳房云

乳房云的出现通常预示着暴风雨天气的降临，世界各地经常出现这种奇异的气候现象。美国加州大学圣克鲁兹分校物理学家帕特里克称："这种云彩的外形看起来很奇怪，如同一个个袋子挂在天空一样。"

科学家们对乳房云的形成也做过一定的研究。美国国家大气研究中心的云物理学家丹尼尔·布雷德指出，空气的浮力和对流是乳房云形成的关键。乳房云实际是一种颠倒的气流，在下降气流当中温度较冷的空气与上升气流中温度较暖的空气相遇，就会形成一个个像袋子形状的乳状形云。

乳房云之所以如此平坦均匀是因为其下方的热结构非常独特。在每一朵乳房云中，气温的下降和云朵的重量增加是成正比的，也就是所谓的"气温直减率"，最终两者将达到一个稳定的状态。换句话说，如果你将一个温度较温暖的气泡放在乳房云的某个地方，它根本不会上升或者下降，因为云彩中没有热量流

动。这种独特的热结构通常是雷暴天气所特有的。

管道层积云

它还有一个优雅的名字叫"晨暮之光"。每年秋天，澳大利亚昆士兰州伯克顿镇上空都会出现这些长长的管状云，最长可以延伸至约966千米，移动的时速最快可达56千米，即使在无风的天气里也可能给飞机制造麻烦。

关于这种神秘云彩的形成原因，之前一直未能有人给出确切的答案。德国慕尼黑大学的气象学家罗杰·斯密斯在经过长期研究后揭开了管状云的神秘面纱。

晨暮之光现象是昆士兰州约克角半岛附近大海和陆地所形成的独特地理位置而产生的一种特殊的

气候构造。

　　每到秋天，来自东部的信风在白天将海风吹过半岛，这股风向在深夜又会遇到来自西海岸的海风，两股海风碰撞之后会产生波状扰动，然后转向西南方运动进入内陆，这是晨暮之光形成的很重要的原因。

　　接下来，当潮湿的海洋空气在早晨升起后遇到进入内陆的海风，空气因此冷却凝结形成一条管状的云彩，这就是晨暮之光。因海风进入内陆的次数不同，形成管状云彩的个数也不同。

贝母云

　　在较高的纬度地区，在距地面20000米至30000米的平流层内，有时可见到一种很高的云，叫贝母云，也叫珍珠云。它出现

的地方一般都在南北向山脉的背风方，外形呈明显的波状或荚状，可见多由空气波动而成，可维持数天。

在白天，它看上去像薄卷云，但在日出日落时，它有蚌壳内部那种光泽，非常明亮，并以光谱中所有的颜色接连转变。贝母云的色彩有时十分鲜艳，以致地面雪层也被照映成为彩色的。这种彩色是由云中粒子的衍射产生的，这些粒子十分均匀而微小，直径为2微米至3微米。但这些质点究竟是尘埃还是水汽凝结物，尚无定论。

珠母云

澳大利亚气象学家说，澳大利亚位于南极洲的莫森科考站上空最近形成了一块极为罕见的珠母云。这块云团形成于2011年7月25日，当时云层处的大气温度极低。

珠母云只在处于冬季的极地地区出现，其形成条件包括大气气温降到零下80摄氏度以下。根据一个天气探测气球获得的数据，这次珠母云现象出现时，当时的大气气温为零下87摄氏度。

珠母云通常形成于极地地区上空，位于距离地面超过10000米的平流层。日落时分，霞光穿过云层，折射出五彩斑斓的颜色，使这块云彩犹如产珍珠的贝壳一般，场面十分壮观。

"令人称奇的是，这一高度的风速接近每小时230千米。"贝克说。澳大利亚的南极气象专家安德鲁·克勒科茨克说，珠母云虽然罕见，但它可能会造成长远影响。

"这些云团并非只是奇观而已，"克勒科茨克说，"它们反映出大气层中的极端情形，并可能引起导致臭氧层破坏的化学改变。"

珠母云以前叫贝母云。多出现在高纬地区离地20000米至30000米的高空，厚约2000米至3000米，挪威和阿拉斯加常见。云体具有珍珠般光泽，透光如卷云。它又伴有较淡的

紫、蓝、红、黄等近乎同心排列的光弧，犹如阳光下贝壳闪耀的色带，鲜艳夺目、十分养眼。

在高纬平流层底，大气温度约为零下53摄氏度，向上温度增加，因而在平流层下部自20000米至30000米向上，逆温有加强的趋势，有利于大气凝结核的聚集。若该处同时有充分的水汽，凝华成珠母云是可能的。但是，那里的水汽从何而来？尚待研究。

延 伸 阅 读

人们有时会在天空中发现诡异的云团，被称作穿洞云，形状犹如科幻大片《独立日》中外星飞船入侵地球时的场景，这种现象数十年来令科学家们困惑不已。2010年美国科学家的一项研究终于揭开了这个谜团：飞机可以在云团中形成穿洞云，还令其产生降雨。

神秘的怪雨奇观

怪雨现象

1819年，美国纽约州明斯特里特城内一条鱼突然从空中落下，鱼长达0.3米。

1830年9月底在法国里昂城曾下过"青蛙鱼"。

1841年，美国波士顿城曾发生过几次鱼雨和乌贼雨，其中一些乌贼长达0.25米。

1859年2月9日上午11时，英国格拉摩根郡下了一阵大雨，雨中夹杂着许多小鱼。

1879年，美国萨克拉门托城的奥地迪菲罗基地曾发生过几次鱼雨。

1894年，在美国密西西比州的布菲纳城内，一只称为"古菲尔"的龟突然从天空落下，龟被一团雪包着。

1933年，美国伍斯特城和马萨诸塞城分别落下大量冰冻的鸭子。

1949年10月23日，美国路易斯安那州马克斯维下过一次"鱼雨"，同年在新西兰沿岸也曾下过鱼雨，几千条小鱼随雨从天而降。每当发生怪事之时，很多人都极力找出一些原因，以说服众人，这

是毫不奇怪的。但是，科学家们却与众不同，因为他们不能空口无凭地解释科学怪事。

稀奇古怪的雨

小豆雨。巴西巴拉比州于1971年年初，下了一场小豆雨，巴西的农业专家通过论证分析，这是由于一场暴风把西非的一大堆小豆给刮到了天空大气层，然后随之降到了这里。

银白雨。1940年6月15日，当时苏联高尔基地区的一个集体农庄，一场狂风暴雨中降下了数千枚中世纪银币。据说这是由于山崩把藏在山洞里的银白给抖了出来，一场大的龙卷风带到空中，然后降落地面。

花粉雨。苏联首都莫斯科1987年6月下了一场多年来罕见的花粉雨，雨水呈淡绿色。雨过天晴，莫斯科大街上和郊区的柏油马路上到处可见绿色的尘埃。这场雨经过专家分析是由于很多花木开花茂盛时期，花粉被吹到大气层，又被雨水带回地面。

报时雨。在印度尼西亚爪哇岛南部的土隆加贡，每天都要下两场非常准时的大雨：第一次是下午15时，第二次是下午17时30分。人们把这种准时下的大雨，叫做"报时雨"。那些地处偏僻的山村小学，过去因没有钟，就以下雨作为学校作息时间：第一次是上学时间，第二次是放学时间。多少年来，大雨十分遵守时间，从未发生过差错。

"苹果雨"从天而降

2011年12月12日，英国考文垂市下的一场雨却令见惯了恶劣天气的司机们大跌眼镜——当天晚高峰过后不久，考文垂康敦区的一条街道上突然下起了"苹果雨"，很多司机和行人无从躲闪，被从天而降的苹果砸中。

当地居民对这场苹果雨吃惊不已。有人认为这些苹果是从飞

机上掉下来的，也有人怀疑这是孩子们的恶作剧。

　　一位当地司机说，她在下午18时45分的时候同丈夫开车经过了康敦区，"这些不知道从哪来的苹果突然从天而降。当时路上还有其他车辆，大家都急忙刹车躲避，但我们的引擎盖还是被这些又小又青的苹果砸中了。我想一些汽车肯定被砸坏了。"

　　当时，这名女司机和丈夫根本不敢相信自己看到的情况，后来他们还开车折回康敦区的这一街道，仔细检查了一下路面，结果发现路上还散落着苹果，有很多已经被车辆压碎了。她说："我对这附近非常熟悉，这儿根本没有苹果树。"

　　英国气象局14日对天降苹果的现象进行了解释，称这可能是空气中水压形成的漩涡造成的，即在风雨天气中，苹果可能会被暴风形成的气旋卷走，并随着气流一路前进，最后从天空中掉落下来。据悉，暴风能够裹挟着苹果前进约161千米。

怪雨形成之谜

对于怪雨，科学家们一直在研究，于是各种解释纷纷出现。迄今为止，世界各国普遍的解释是：怪雨现象是旋风造成的，即一股旋风将河流、湖泊和大海中的水席卷而起，带到空中，旋风内有许多水生动物，旋风在空中旋转。不久，由于地球引力的作用，海水或湖水连同水中的动物一齐落到某地，因而形成了怪雨。这种解释听起来虽颇有道理，但是它却不能从根本上解释怪雨现象。

因为，倘若这样解释，那么，就意味着旋风同样也具有一些难以想象的能力，即在空中将水中的动物选择，随后分门别类加以区别，然后再分类扔到地面上去。

瓦拉亚姆·库里斯在书中谈到怪雨现象和旋风解释时提出了一些可供参考的看法。

首先，我们必须承认，不论运送这些动物的工具是否是旋风，这种工具一定能够每次全选择好一种动物，或是一种鱼，或是青蛙，或为任何一种其他动物。

其二，这种工具在运送过程中还要进行更仔细的分类，即将大小一样的鱼或青蛙集中在一起。

其三，我们发现，这些动物从天上落下来的时候，并未夹带着任何其他东西，如沙子、树叶等。这表明，它们曾经过了一次挑选。

奇怪的干雨

近年来世界各国的天体物理学家都对干雨产生了特别浓厚的兴趣。近些年来人们发现，它的出现越来越频繁。大约在100年前，干雨曾毁灭了亚速尔

群岛地区整整一支舰队。曾经发生在德克萨斯草原的一场特大火灾，也是干雨引起的。

由于所谓瀑布式倾热，使由干雨引起的火灾很难扑灭。发生这种火灾时，不仅要扑灭燃烧着的物质，还要花更大力气来对付高达2000摄氏度的雨热。

因此，扑救这种火灾时除使用水外，还要使用特殊的物质粉，以隔断热源和氧气的接触。

干雨形成之谜

对干雨现象的解释，目前存在两种看法。一种看法认为：彗星散落后的物质一部分落入地球，从而产生干雨现象。从彗星散落到出现干雨，需要2年至6年的时间。

另一种看法为：干雨现象是我们还没认识的另一种破坏活动。

这种想法从表面上看似乎是没有根据的，但持这种观点的人

认为，如果干雨现象来源于宇宙，那么化学家通过光谱分析应该可以发现彗星的化学成分。但化学家在这方面的研究结果至今还是否定的。

总之，两种说法各有其理，还需进一步研究证实。

不解的石雨之谜

1906年3月的一天，荷兰探险家德乐特勒西特·库罗汀迪克结束了长途旅行后，风尘仆仆地回到基地。深夜，突然一声物体撞击地板的声响把他惊醒。

他起身一看，发现有一颗从未见过的黑色小石子掉落在地板上。小石子好像是穿透屋顶掉下来的。库罗汀迪克让人出去观察，周围没有发现任何异常情况，然而，小石子仍然像下雨一样不停地从屋顶上掉落下来。

第二天天亮，库罗汀迪克仔仔细细地观察了屋顶内外，奇怪

的是，看不到一点石子穿插透过的痕迹。可是到了晚上，黑色的小石子又下雨般地穿过屋顶落下来。为了弄明真相，他把几颗小石子当做标本收集起来交给了专家。专家们对这些从未见过的石子也感到莫名其妙。

这种能穿过屋顶而又不留任何痕迹的石雨究竟是什么东西，又从何而来呢？至今还没有人能解开这个谜。

延 伸 阅 读

1043年和1334年在我国山东省、河南省等地曾下过"血雨"；1979年8月15日晚21时，湖南省长沙县和民凰县的一些地区，下了一场罕见的"黑雨"；东北兴安岭林区曾下过"黄雨"；1982年6月8日重庆市郊区某地下过"酸雨"，上万亩水稻一片枯黄。

奇特的雷击现象

奇怪的雷击事件

因祸得福的失明老人。1980年夏季的一天，印度一位患白内障双目失明的老人，正在家里坐着。突然，一个巨大的闷雷在阴云密布的空中炸响，他立即被击倒在地，碰掉了几颗牙，脑子震

动了几秒钟。

第二天，他一觉醒来，惊喜地发现自己又重见光明了。科学家认为，患者处在雷击的磁场内，磁场使眼球中的不溶性蛋白质变成了可溶性蛋白质，消除了白内障。

非同寻常的死。在法国的一个小镇，落雷把树下避雨的3个士兵一齐击死。可3具尸体外表毫无变化，仍然站在那里，好像什么事也没有发生。

暴雨过后，有几个行人走上前去和他们搭话，得不到回答。人们上前碰他们一下，3具尸体马上塌毁成一堆灰。

令人不解的怪脾气。1968年的夏天，法国遭到一场雷雨的袭击。当时，闪电将一群绵羊中的黑羊全部击毙。但白羊却安然无恙。不同的树木遭遇雷击的可能性也不同。

据调查，在100次雷击树木中，击中柞树的次数最多，为54次；杨树为24次；云杉为10次；松树为6次；梨树和樱桃树为4次；但桦树和槭树则从未被击中。当然，这是指混合在茂密树林中的桦树和槭树，而不是空旷地区的孤树。其原因到目前为止尚无定论。

被雷电击中过的人

弗拉卡斯托罗是著名的意大利诗人和医生。在他还是婴儿的时候，有一天正当他母亲抱着他时，突然被雷电击中，母亲当场死亡，但他却安然无恙。

格里高利·威廉·里赫曼，这位俄国物理学家将一个仪器与避雷针连接在一起，试图测量大气中的放电现象。在一次雷雨中，当

他正俯身观察仪器上的读数时，一次雷电击中那根避雷针。避雷针从仪器上弹起，猛地击中他的头部，里赫曼当场倒毙。

奥蒂斯是一位美国政治家，他常对别人说，他希望以一次雷电来结束自己的生命。

这个愿望终于实现了。当他在一间低矮的农舍走廊里与家人和朋友交谈时，雷电击中了农舍的烟囱。火球沿着烟道进入走廊，并跳到奥蒂斯身上把他击死，但他身上没有留下任何伤痕，屋里的其他人也都安然无恙。

吉西·彭克尔是雷电多次击毙独自在野外平原上干活的农民。也许以这种方式丧生的农民中最著名的要数吉西·彭克尔了，他是张·彭克尔的儿子，是一对连体婴儿中的一个。

弗朗西斯·西德尼·施米特是一位英国登山运动员，因登上珠穆朗玛峰而闻名遐迩。

可是他差一点在阿尔卑斯山上丧命。一个雷电把他击得失去了知觉，但是由于他那身湿漉漉的衣服吸收了大部分电荷，从而使他幸免于难。

希尔德是一位天文学家，1976年的一天，当他正在亚利桑那天文台工作时，雷电击中了他的望远镜，把他击昏了过去。在被送往医院的途中，他的心脏已停止跳动。但是他很快就恢复了健康，并于当天返回天文台工作。

尼克·那伐罗是巴拿

马短跑运动员。1978年12月28日，当他从迈阿密的卡尔德田径场走回休息室时，遭到了雷击，他却没有那么幸运，而是立刻便身亡了。

延 伸 阅 读

比姬·戈德温是弗吉尼亚州州长米尔斯·戈德温的女儿。当她在晴空下从海浪中回到海滩时，远处一团乌云中突然打来一个霹雳，将她击中。她虽然立刻得到抢救，但是两天之后仍然身亡。

世界闪电奇观

世界有名的火山闪电

智利的柴藤火山沉睡了9500多年，在2008年5月2日这天喷发。短短数日，这座高出海平面1122米的火山喷薄出大量灰云，绵延了30000米，弥漫在整个安第斯山脉上空。

柴藤火山的海拔并不出众，但它曾出现过无比震撼的火山闪电，由于很难在这种严酷的环境里安装感应器，火山学家们也没弄清产生这些闪电的具体原因。有种看法称，旋转着的灰云里含有静电，当大量集聚后，就会释放出耀眼的闪电。

2010年3月20日，冰岛的拉冰盖火山自1823年喷发后首次猛烈咆哮。整个过程毁掉了欧洲大部分地区的航班。拉冰盖火山喷

发后留下的灰烬是由数量较少的流动岩浆形成。大量的灰云使得冰岛南区黑漆一片，唯有大量的闪电十分夺目。尽管拉冰盖火山在2010年高度活跃了两个月左右，火山学家们仍期待着它的下一场精彩"演出"。

新不列颠岛是位于新几内亚岛东部的一座镰刀状的小岛，岛上腊包尔火山口周围的活火山为数不多，塔乌鲁火山是其中一座。1944年，塔乌鲁与伏尔甘两座火山同时喷发，造成5人死亡，其中一人死于火山闪电。由于位置偏僻，塔乌鲁火山或许鲜为人知，但它的喷发充满史诗的传奇色彩。

新燃岳火山，是日本西南部雾岛火山群的一部分，2011年1月底开始了大规模喷发，这是1959年以来最大的一次喷发，也是本世纪第三次大喷发。最近该火山持续喷发大量密集汹涌的灰云，夜间在蓝白相间闪电的照耀下，明晰可见。作为詹姆斯·邦德的一部电影《雷霆谷》里"幽灵总部"的所在地，新燃岳火山更加盛名在外。

2010年十大最强劲闪电

阿拉斯加里道特火山闪电。2010年2月9日，一种可能是由火山作用引发的闪电现象长期以来令科学家大惑不解，这其实并不奇怪：此类闪电只有约合一米长，持续时间仅数毫秒。

不过，借助先进的仪器，美国科学家经过两个月的精心研究，最终证实了阿拉斯加里道特火山最近一次喷发期间的"微小火花"。

美国中西部惊心动魄雷暴闪电。2010年2月12日，美国中西部一位摄影师守候8小时所拍到的完美闪电，图片中闪电与类似UFO的云朵交相辉映，诠释了大自然的壮观。据悉拍摄该闪电的摄影师不惜冒着生命危险去追逐闪电，这让我们感觉照片来之不易，应当用心来欣赏。

坦噶尼喀湖上空的雷电。2010年3月19日，刚果民主共和国拥有世界上闪电最密集的区域，雷电冲击坦噶尼喀湖上层乌云产生的景象相当壮观。这样的景观在我国几乎很少见到，这可足可

见它的珍稀程度。不过也应该庆幸我们所生活的环境雷电并不密集，雨天安全性高了很多。

尼泊尔再现闪电奇观。2010年3月29日，两道巨大的闪电强烈震颤着尼泊尔的夜空，以至于这个夜幕中的村庄好像白天一般明亮。据悉，当时那里正遭到狂风暴雨的侵袭，电闪雷鸣的天气持续了相当一段时间。这是大自然带来的奇迹，带来的是心灵的震撼。

冰岛火山闪电。2010年4月21日，一道闪电划破冰岛埃亚菲亚德拉冰盖火山上空。由于冰岛火山灰云肆虐，欧洲航空运输业陷入一片混乱，航班停飞时间也接近一周。雷电现象的危险性很高，正常的雷电在雨天都有可能劈死人类，所以航空公司这样做也就不足为怪了。

马来西亚惊现彩虹闪电。2010年7月1日晚，马来西亚首都吉隆坡上空出现闪电穿越彩虹的奇幻景象。

尽管对于我们来说这两种自然现象单一发生极其平常，但两种自然现象同时发生的情况并不多见。真希望在有生之年，也能

看到这样奇特的自然景观。

雅典出现闪电"森林"。2010年7月26日，在希腊一场罕见的暴风雨中，宙斯似乎用光了所有的闪电。在仅仅半个小时内，多达42道交叉闪电闪耀在希腊上空，照亮了整个雅典。业余摄影师克里斯·科特西奥普罗斯用相机捕捉了这场暴风雨中的大量闪电。

美国闪电击中自由女神。2010年9月22日晚，一位来自纽约的摄影师杰伊·费恩就实现了自己长达40年的一个梦想，拍摄到了自由女神像被闪电击中的震撼一刻。试想如果被电击后女神像倒了，那我们以后下雨天就很难敢在高的建筑物下走路步行。

引雷火箭制造闪电奇观。2010年9月2日，火箭发射后铯盐随推进器中的气体喷出，在火箭和发射装置之间形成一条导电路径，并在火箭到达雷雨云层后激发闪电。这是火箭发射的一种

方式，不过所带来的壮观已经让我们为之"倾心"，科学的力量真的也很伟大。

　　澳大利亚现球形闪电。2010年12月2日，专家解释球形闪电是其中一颗大流星触发了上层大气与地面之间的瞬间电路相连现象，从而为山顶之上的球形闪电的形成提供了能量。这也提供给专家解释UFO为球形闪电的证据。不过很多人依旧相信UFO的存在。

延 伸 阅 读

　　火山闪电对预测火山喷发可能有一定帮助。当火山显露出喷发的迹象时，科学家可以在火山口附近安装仪器，通过观测火花预知火山喷发，这样一来，就能提前获得相关警示信息。这种警告对空中交通非常重要，因为火山释放的灰烬对喷气发动机尤其有害。

罕见的彩虹奇观

火彩虹

高空燃烧彩虹的现象叫火彩虹，是一种发生在大气层中罕见的自然现象。

据说高空中卷云层所在的高度至少要有20000米，卷云层里的冰晶数量要足够，另外就是太阳照射卷云层的角度正好要为58度。

雪茄状彩虹

2006年10月20日18时54分左右，云南省昆明市刚刚下过一场

大雨，雨后数分钟，天空转晴并在市东北角上空出现一道色彩艳丽、炫目的彩虹，这条彩虹不是一个桥的形状，是直线形状，一头伸入云端，一头垂进山间，酷似雪茄。由于这种现象在昆明很少见，广大市民们无不称奇，不少路人看到后掏出手机狂拍。

据昆明气象台一位工作人员介绍，这种现象在昆明很少见。2006年10月19日傍晚，昆明市区出现小范围阵性降水，天上的云层根据其所处的高度分为高、中、低三层，局地阵性降水发生后，天空中的中、低云都散开了，天空中只剩下了高云。

高云处在天空中的位置很高，温度却随高度越高变得更低。云层到达一定的高度后温度下降至0摄氏度以下，高云层结构就出现冰晶状。形状酷似雪茄状的高云受到夕阳的反射，很自然就出现了美丽的彩虹。

雾虹

是一种与彩虹相似的天气现象，太阳光经由水分子反射和折射后形成。其在空中出现时，看起来像是一座拱形雾门。雾虹没有颜色，显示为白色，有时被称为"白色的彩虹"，原因是水滴非常小，以至于光的衍射效应变得很重要，盖住了颜色。

在彩虹的内层，光线是以清晰明确的路线被折射而形成的。雾虹则是由更小的水滴从更广的范围反射太阳光形成的，所以雾虹有时呈现出淡淡的蓝色和微红色。

这种奇异的景象经常出现在丘陵、山区和冷海雾中，还偶尔出现在伴有雾的日出时分。

2010年5月，西班牙摄影师亚历克斯·图多丽卡在西

班牙加那利群岛拍摄到了雾虹景观。

2011年12月，俄罗斯业余摄影师萨姆·多布森在一次北极探险活动中拍到了罕见的雾虹。

双重彩虹

2009年8月26日晚，英国联赛杯在英国唐卡斯特郡体育场进行。正当唐卡斯特球队同托特纳姆热刺球队开始进行第二轮比赛时，球场上空忽然出现了罕见明艳的双重彩虹，形成了一幅漂亮的球场背景幕。2009年6月9日一场降雨过后，傍晚18时左右，北京上空惊现彩虹，而且是双彩虹。

2010年6月23日，深圳市民抬头在自己的天空看到了双彩虹，正如电影《岁月神偷》里说的，两条彩虹颜色相反，让刚看完电影的深圳人民着实为自己的亲眼所见而兴奋不已。

月虹

1961年1月5日晚22时，苏联科学考察船上的科学家们，在太平洋热带地区观察到了月虹。在天山伊塞克湖上空，人们也看到了月虹的美丽身影，那天夜里，湖上先是刮起了大风，接着又下起了大雨，雨过天晴后，天上出现了一轮明月，这时，一道月虹横跨南北天空，景象十分壮观。

1984年9月11日晚，辽宁省新金县普兰店镇在经历一阵小雨之后，天空放晴，黑云迅速散尽，不一会儿，一轮硕大圆满的皓月出现在天空。20时许，有人惊奇地发现在西方的半空中出现了一条弧形光带。光带从南方伸向北方，色彩虽不太分明，但在明亮的月光下，仍可分辨出其上层的淡红色和下层的淡绿色。

"那是不是彩虹？"

人们打电话咨询县气象局，经过专家的判断分析，确认光带便是极为罕见的月虹。月虹持续大约5分钟后，随着天上浮云的移动，渐渐消失在了空中。

1987年6月7日，人们在新疆乌苏县城的上空，同样看到了令人惊叹不已的月虹。当时乌苏县城的一半天空为黑云所笼罩，而另一半天空却一碧如洗，明亮的月盘挂在天幕上。在这种奇异的天空景象下，一条乳黄色的月虹悄悄出现了，它全身红绿相间，像一座美丽的彩桥，一头连着黑云云底，另一头却悬在湛蓝的空中。月虹持续了10多分钟后，随着黑云逐渐占

领整个天空而消失。

据气象专家介绍，月虹是一种罕见的大气光象，形成原理与虹基本相同。虹是雨后初晴，天空中还飘浮着大量水滴时，阳光照射到水滴上，经过折射、内反射、再折射形成的。在明月当空的夜间，如果大气中有适当的雨滴，月光照射到这些大量悬浮的小雨滴上时，也会出现虹的奇景。因为月光比日光弱得多，因而月虹也比日虹暗淡，多数月虹呈白色，难以被人们发现，能分辨出色彩的月虹则极为罕见。

延 伸 阅 读

2008年7月4日，除了上海之外，浙江、贵州、四川等多个省市也在这几天出现了巨型的彩虹现象。对于短短数日间彩虹集中出现的现象，气象专家表示，这应该与近期我国降雨分布较广有关，充足的水汽造就了这一罕见的美景。

十大怪异天气现象

非液态雨

据报道，加利福尼亚、英国、印度居民时常性会经历天空落下鱼和青蛙的场面，更可怕的是有时候就连蛇也从天而降。

海上龙卷风可以将水里的任何生物卷入空中，然后将其携带数千千米，降至毫无准备的人们面前。

闪电球

几个世纪以来，连续有报道称人们的房屋里有一种奇怪的电

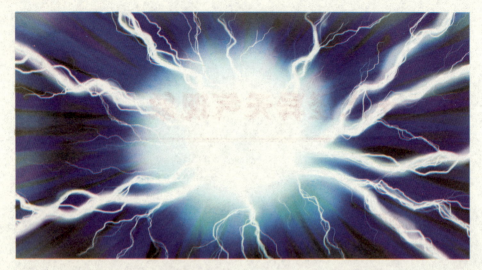

现象，而且时常发生在雷暴天气时。这种现象被称之为"闪电球"，其尺寸不一，从高尔夫球到足球大小都有，它有时飘浮在空气中，这无疑使亲历现场的人们感到惊讶。

这种光球没有气味没有温度，但它带有一点响声。当它触及一些类似电视机这样的电器时，就会发出"砰"的声音随即消失，但是这种闪电球偶尔也会爆炸从而引发火灾。但是包括科学家在内的大多数人都为之迷惑不解，至今仍没有一个对这种现象的合理解释。

血雨

血雨听似出自好莱坞恐怖电影，但是有报道称，这种带鲜红颜色的雨曾出现在罗马时代。人们因此为之恐吓，但是这种雨实际上并没有夹杂血液，它之所以呈现红色，是由于强风卷入了空气中大量的尘埃和沙子，最终带入云层中而引起。

在欧洲，这种红色的雨水通常是被撒哈拉沙漠的沙尘"染色"而形成的。

三个太阳

即使是在阳光明媚的一天，天空也会呈现异常的现象，至少许多假象是由人眼的误差所造成。如果太阳刚从地平线升起，或者空中出现大量的卷云，人类也许会产生幻觉，貌似天空中出现3个太阳的怪异图像。

实际上，这种现象可以这样解释，太阳光经高云中的冰状晶体折射而产生各种颜色的光线，从而造成假象。虽然这是很常见的光学现象，但是我们却不多见，毕竟我们不可能经常直视太阳。

蓝色的月亮

一个月中出现两次满月，但是月亮呈现蓝色的现象确实少之又少。因此"blue Moon"这个词通常被人们定义为异想天开，想做也做不到的意思。

一般森林大火和龙卷风将

尘埃和烟灰卷入高空，并且空气中还夹杂着水珠，因此在掺杂灰尘水珠的衬托下，月亮看上去就是蓝色的。

海怪

尼斯湖水怪也许仅仅只是一种不太常见的水柱形成现象。有时候小旋风也被称之为所谓的"水怪"，因为它在形成过程中不断席卷大量的水而产生一个漩涡。

形成的水柱通常无规律的旋转，发出"嘶嘶"或者水流动的奇怪声音，从而人们会将其联系到长脖子样的怪物，并联想可怕的水怪会突然蹦出水面，这种场面常常令人惊骇。

火旋风

虽然火旋风没有龙卷风能掀起房屋的超能力，但是它听起来也令人感到惊慌。这种旋风实质上就是小型的龙卷风，它在形成过程中聚集热量，使得地表的空气上扬从而形成强烈的旋风。

之所以被称为旋风，是因席卷地面上的灰尘而得名。然而更恐怖的是还有一种火旋风，它往往起源于森林引火产生的巨大热量，使得火焰在空中急速猛烈旋转而形成。

红光和蓝色蒸气

数年来都有报道称，飞行员在任务期间时常能看到从乌云顶端闪出奇怪的彩光，但是没有人能解释得清楚这个现象。但是近几年来，科学家们已经找到这种怪异彩光存在的证据。

这种"红色精灵"其实就是地球上空50米外的一道红光，它们通常成簇而发。

另外还有一种称之为"蓝色蒸气"的现象也同理是由蓝光产生的，它距离地表的位置近于红光。而且红光的成型非常怪异，呈现一种薄烤饼的形状。这种现象大约只持续数千秒，科学家们仍然在探究其奥妙所在。

桅顶电辉火

据报道，人们曾经在大雷暴中看见轮船桅杆上有火球串动，同样的现象在牛角和人的头顶上也发生过。

这种现象称之为电辉火，它其实是由大雷暴时产生的静电传

递到长物体的顶部而产生的。虽然电辉火本身对人类不具有威胁，但是触及它可能会引起闪电，而使人遭到电击。因此我们最好还是望而远之。

大冰雹

曾经经历过强大雷暴的大多数人一定见过冰雹，通常只有垒球大小。但是从天而降的冰雹偶尔也会震惊每一个人，曾经就有过冰雹重达80磅的纪录，然而当冰雹打在地面上时就被撞击得粉碎。

更神奇的则是当天空中没有一片云层时，有一块巨大的物块会破天而降。虽然有人可以解释某些现象是由飞机机翼上的冰块造成的，但是还有许多其他现象的原因未得到说明。

延 伸 阅 读

喇叭状光柱，2008年12月28日，在拉脱维亚的斯伽尔达摄影师艾格尔·特鲁西斯拍摄到喇叭状光柱。物理学家莱斯·考利称，喇叭状光柱很可能是借助于细长冰晶形成的，而与地面呈平行关系的扁平冰晶更多的会形成钉子状光柱。

可怕的火旋风

什么是火旋风

火旋风又叫火怪、火焰龙卷风，是指当火情发生时，空气的温度和热能满足某些条件，火苗形成一个垂直的漩涡，旋风般直插入天空的罕见现象。旋转火焰多发生在灌木林火。火苗的高度9米至60米不等，持续时间一般只有几分钟，如果风力强劲能持续更长的时间。

火焰龙卷风的形成需要具备一定条件：强烈热量和涌动风流

结合在一起将形成旋转的空气涡流。这些空气涡流可收紧形成类似龙卷风结构，旋转着吸入燃烧残骸和易燃气体。

在火灾中，火的热力令空气上升，周围的空气从四方八面涌入，形成幅合，火焰龙卷风便形成了。有说在日本关东大地震中的火灾处，都发生了好几起的火焰龙卷风。

威斯康星火龙卷

1871年10月8日，一场森林大火席卷了威斯康星州东北部的格林贝湾两岸，总共可能有1000人丧生。

那年的10月初，这里是典型的印第安晚秋晴暖天气：微风吹

拂，空气暖和而干燥。在过去几周的时间里，这里曾有多起小灌木林和森林起火，这大多是由伐木工遗留下的大量树枝树杈燃烧起来的。风小时，工人们和附近的人群还能控制住火势。

然而10月8日正是星期天，西南风增大，使许多小火发展成熊熊大火。同时气温显著升高，从密尔沃基站的观测记录看，10月7日最高气温为19摄氏度，而10月8日则上升为28摄氏度。至10月8日晚，两处主要的森林大火从格林贝城附近慢慢地向东北方推进，尽管居民们全力扑救，试图阻止大火蔓延，可是烈火无情，所经之处毁掉了大量的住宅，东至弗兰克恩，西至佩什蒂戈的所有村庄全部被烧毁。

美国加州圣玛格丽塔大牧场:火旋风

2002年5月，美国加州圣玛格丽塔大牧场，由山火引发的火旋风席卷一处山脊顶部。据福托菲尔介绍，火旋风核心部分温度可达1093摄氏度，足以将从地面吸入里面的灰烬重新点燃。

他说："我们尚不完全确信这一点，它只是一项理论。这就仿佛是某个人尝试点燃某种东西：如果你令其在空中膨胀的足够大，你确实可以让其燃烧，但如果它始终紧缩地像团状，它就不会燃烧。"

2006年，美国加州卡斯蒂奇附近洛斯帕德雷斯国家森林公园发生大火期间，不停旋转的圆柱状火焰呈弧形飘向空中。

加利福尼亚火龙卷

2008年11月15日，美国加利福尼亚州科伦娜火灾中，一处火焰龙卷风逐渐逼近住宅区。火焰龙卷风所经之地将使该区域的物体点燃，还可以将正在燃烧的残骸投向周围。

由巨大火焰龙卷风形成的风流也十分危险，其风速可达到每小时160千米，足以将树木吹倒。

巴西圣保罗火龙卷

2010年8月24日，巴西圣保罗市出现了罕见的火焰龙卷风的自然现象。这种自然现象是由于龙卷风经过一处燃烧的田野，随后变成了一个巨大燃烧的火龙。

出现火焰龙卷风的地区已经有3个月没有下雨。异常干旱的天气和强劲的风势助长了此处的火势。巴西全球电视台报道称，圣

保罗地区的空气干燥程度已赶上了撒哈拉沙漠。

　　这条火龙风在燃烧的田野上飞舞高约数米高，阻断了一条公路。为了熄灭这条火龙，当地出动了直升机。同时，圣保罗市政府为预防新火情发生，已下令禁止麦收后火烧庄稼地。

延　伸　阅　读

　　德国人造火旋风，2007年8月，德国沃尔夫斯堡斐诺科学中心，参观者观看一个人造火旋风由多个空气喷射通气口形成的壮观景象。现实世界的火旋风不会像这样保持垂直不动，但也不会赢得任何速度纪录。

为什么晴天会下雨

突来的倾盆大雨

我国新疆米泉县的甘泉堡，历来很少降雨。但在1975年9月7日凌晨4时多钟，在甘泉堡的一条干沟上空下起了暴雨，而四周却晴空万里。

据目睹者回忆说，当时这里先是响起一阵雷，紧接着瓢泼大雨从天而降，大雨下了大约10分钟。到5时左右干沟洪水立刻涨起来，倾泻而下，冲走了几十千克重的石头和许多防洪物资。为什么沟外天空晴朗，而沟内却下起倾盆大雨呢？

晴天下雨现象

1991年10月30日，湖北省长阳土家族自治县都镇湾镇宝塔村，天空万里无云，突然一束雨从天而降，不偏不倚正好落在一米见方的地方，并且连续好几天都是这样。

1991年11月6日下午17时10分，安徽省肥东县上空晴空万里，没有一丝雨云，可奇怪的是却突然下起米粒大小的雨，而且持续了一分钟。

2004年7月的一天，一群游人在江西省庐山游玩。这天晴空万里，阳光炽热，游人们兴致勃勃，一边游玩一边向山上攀登。时至正午，一大片白色的云团从山脚缓慢上升。

不多时，只听云团中传来隐隐雷声。由于云团在游人下方，所以人们清晰地感觉到"隆隆"雷声就来自脚下。忽然，一阵雨滴劈头盖脸地砸向游人。

"好好的天怎么下雨了？"

人们迷惑不解地抬头观望，只见头顶的天空依然晴朗湛蓝，没有一丝云彩。俯瞰脚下，唯见云团滚滚，势如千军万马，那亮晶晶的雨丝正是来自半山腰的云团！

为什么会产生这种现象

气象专家解释说，原来在庐山的深谷中，水汽在受热后，常会产生对流运动，形成一股强烈上升的对流云团。云团中蕴藏了大量的雨滴。当气流在上升过程中，其托举雨滴的升力超过了雨滴的重力时，便会将雨滴往上抛洒，从而出现了天空无云却下雨的现象。

大自然中，类似这种无云却下雨的怪雨现象很多。在南美洲的巴拉圭，靠近巴西边境的巴拉那河地带经常晴空万里，虽然天空无云，但却有永远也下不完的雨。

原来，无穷无尽的雨来自取之不竭的水源。在巴拉那河附近有一个著名的瓜依拉大瀑布，瀑布飞溅出的水花形成雾气，雾气被风刮到河谷地带再降落下来，便形成了无穷无尽的雨丝。但一些无云也下雨的现象至今仍是个谜。

雨在天上飞而不落地

自然界中，有一些怪雨与庐山现象刚好相反：在新疆的塔克拉玛干大沙漠，有时天空黑云密布，雷声大作，细雨飘飘，可地上的行人不用打雨伞，衣裳也不会淋湿；在四川省的攀西地区，有时也会出现这种"雨在天上飞"的现象，人们根本感觉不到雨丝的足迹。

据气象专家分析，这是因为这些地方气候异常炎热、干燥，很少下雨。在夏季，近地面的空气受热后不断上升，在高空冷却，集结成云。

但当这些雨滴落下时，由于近地层温度很高，所以雨还未落到地面，便在空中蒸发了。

五龙山大晴天下起毛毛雨

辽宁省丹东五龙山游玩的游客不约而同地发现了一个奇怪的现象，明明是晴空万里，但是只要走到离佛爷洞约20米远的两块面积在3平方米左右的空地，就能感觉天空下起了毛毛雨，而一旦离开这两个区域，就丝毫不见了雨点的痕迹。

这两块空地上都有树木遮蔽，如果游客站在树下拍手或者说话声音大了，雨还会越下越大。晴朗无云的天空为什么突降小雨呢，而且独独在这两个面积仅3平方米的小区域？

五龙山的"晴天雨"引得越来越多的游人驻足观看，有的游客还试着用舌头舔过雨水，但发现没有任何味道。还有游客好奇，把面巾纸铺在地上，结果发现没多久整个面巾纸就完全被打湿了，周围的台阶上也都是湿漉漉的。一些好奇的人也试图观察周围环境寻找原因，但都没有找到结果。

五龙山的晴天雨是否与树有关

五龙山的晴天雨是否也是树木在作怪呢？既然一年四季都会

出现晴天下雨的景象，究竟是什么原因呢？有人提出一种猜测，会不会是因为树叶上雾气比较重，上午可能有露水产生，树叶上的水滴掉下来就形成了晴天雨呢？

为了验证这种说法的可能性，五龙山的工作人员经过连续几天的观察发现，整个白天树下都在不停地下雨。

即使在下午，相对湿度特别小，树叶上没有看到水滴的情况下，雨滴仍在不停地往下飘。晴天雨的情况还在继续观察之中，他们还在等待观察当树叶落光以后，是否还会出现下雨的现象。

延 伸 阅 读

1995年10月，当时丹东市的一位领导到山上来视察景区建设，在途经佛爷洞时，同样晴空万里，但仍有细雨渐渐飘下。当时这位市长还即兴作了一首诗："圣泉甘露润心田，攀登何需上青天。美景如画看不尽，凤舞龙飞天地间。"

神秘的红雨现象

神秘"红雨"倾盆而下

2001年7月25日，印度西部喀拉拉邦突降一场血红色暴雨，有时雨量甚至达到像深红色床单般倾盆而下。

这场雨断断续续下了两个月，将海岸、树叶都染成深红色。当地居民用自来水洗衣服后，衣服也变成粉红色。

科学家感到震惊，印度政府下令进行调查。为什么会下"红雨"，红色从何而来？

这一奇怪的现象立即引来世界各地的研究者前往一探究竟。

阿拉伯红土导致雨水变红

一些调查人员认为，红雨不值得大惊小怪。降雨发生前，强

风带来了阿拉伯地区的红土，随着降雨发生，红土夹杂在雨水中降落，使雨变成了红色，整个降雨区域也因此被染得一片鲜红。

但是，这种说法当即遭到许多人的反对。理由是下的时间太长了。

设想一下，某个地区一连两个月断断续续地下雨，这可以理解。但是突然两个月连续不断地刮强风，不断地带来阿拉伯地区的红土，这似乎难以成立。

疑是外星细菌

印度圣雄甘地大学的应用物理学家、普尔大学物理学家戈弗雷·路易斯就不认为这是阿拉伯红土染红的。

为弄清楚这到底是什么，他特地在喀拉拉邦收集了部分雨水的沉淀物，带回实验室做了综合分析。

　　经过5年的研究，他吃惊地发现，红色沉淀物根本不是泥土、灰尘，而是外星细菌。

　　路易斯大胆地提出：那是来自彗星的外星生物，当年那场雨可能就是"外星生物登陆地球"。

　　倘若你通过显微镜仔细观察就会吃惊地发现，红雨颗粒形状大小不一，有球形、椭圆形和长椭圆形，1000倍显微镜下可见形状，有细胞膜，很厚，但无细胞核，是一种类似于细菌的物质。

　　路易斯说："通过显微镜观察，你能发现它绝不是泥土，反而有明显的生物特征。"

根据成分分析，瓶中沉淀物含碳50%，含氧45%，还含有部分钠和铁以及其他成分，这与微生物的构成极其相似。看来它们是从地球外某个星体降落至地球上。

疑是彗星或流星雨

路易斯同时发现，就在2001年7月25日下红雨前的几个小时里，当地发生了极为强烈的音爆，喀拉拉邦的居民房屋受到极大震动。

根据当时的情况，除非陨石闯入大气层，否则不会产生那样剧烈的反应。

因此，支持路易斯理论的科学家们由此推断，当天一颗彗星

在经过地球时，一些碎片脱落下来，穿过大气层坠落地面。

而在这一过程中，碎片由于受到摩擦，烫得发红，分裂成为更多碎片，并伴随着降雨落至地面。

由于那颗彗星中含有丰富的有机化学物质，而地球上的生命也是由微生物不断进化而来，所以雨水中的沉淀物也具有生命初期的特征。

不过，路易斯的离奇理论遭到许多人质疑。

但也有许多科学家认为，路易斯的发现或许不正确，但他突破了常规思维。

英国谢菲尔德大学微生物学家米尔顿·温赖特也支持路易斯的部分说法。

温赖特说："现在就定论红雨究竟是什么还为时过早，但是

我确定瓶中的沉淀物绝对不是泥土，但也与地球上存在的生物不同。"红雨到底是来自外星空，还是地球的其他地方？最终结论还有待进一步研究确认。

延 伸 阅 读

　　1962年1月14日，英国阿伯丁降了一场令人惊慌可怕的黑雨。降雨前，整个天空浓浓的乌云像黑烟，随即狂风暴雨，若是衣物上被污染，很难洗去。这场雨是从哪里来的呢？怎样形成的？气象专家多次调查，但是，这至今还是个谜。

球形闪电形成之谜

什么是球形闪电

闪电是常见的自然现象，夏天暴风雨来临的时候，突然出现一道白光，紧接着就是"轰隆隆"的响声。闪电和响声，这是雷

电的基本特征。在雷电发生的时候，还能看到它的形状，大多是"ㄅ"形，也有条状和片状，都是一闪而过，给人强烈的印象，这是常见的闪电。

还有一种奇特的闪电不是来去匆匆一闪而过，而是飘飘忽忽，缓慢地移动，能持续几秒钟，民间称它为滚雷，科学家叫它是球状闪电。

球状闪电是一个无声的火球，直径大多在0.1米至0.2米之间，消失的时候，可能有爆炸声，也可能无声无息。球状闪电不放白光，可能是红色、黄色，也可能是橙色。

还有，它不一定出现在高空，也会出现在地面附近，甚至会穿过玻璃而不损坏玻璃，闯进建筑物，飘进密闭的飞机机舱。

千奇百怪的目击记录

1773年，两名神职人员在

听到一声巨大雷响后，看到壁炉里闪耀着一颗足球大小的发光球体，这颗球随即爆炸并发出一声巨响。

1956年夏的一个正午，在苏联某个集体农庄，两个孩子在牛棚里躲雨。突然，房前的白杨树下滚落一个橙黄色的火球直向他们逼来，一个孩子踢了它一脚，"轰隆"一声，火球爆炸了，牛棚里的12头牛炸死了11头，孩子们被震倒在地，但没有受伤。事后，人们才知道那个火球是罕见的球状闪电。

1962年7月的一天，在泰山上，一个球状闪电穿过紧闭的玻璃窗，钻进一间民房，缓慢地在室内飘动，最后钻进了烟囱，在烟囱口爆炸，只炸掉烟囱的一个角。民房内仅仅震倒一个热水瓶。

1981年1月的一天，球状

闪电光顾了一架飞行中的"伊尔—18"飞机。这架苏联的飞机从索契市起飞，刚飞到1200米的空中，一个球状闪电突然钻进了客舱，它只有0.1米大，却发出一声震耳欲聋的爆炸声。

奇怪的是，人们原以为球状闪电已经消失，谁知几秒钟后，它又重新出现，惊呆了的旅客看着这个"球"在头顶飘忽，到达后舱时裂成两个半月形，随后又合到一起，发出不大的声音而消失了，担心的驾驶员立即驾机降落，发现飞机头部和尾部各有一个大窟窿，除此以外没有任何损害，乘客也没有受到伤害。

1989年，我国山东省青岛的黄岛油库，就是由于球状闪电的爆炸，引起了油罐的大爆炸。

我国发生的球状闪电

1962年夏，山东省济南市解放军106医院。刚刚下过大雨，手术室护士打开窗户，窗外忽然出现一个火球，飞入屋内，打灭了屋顶的吊灯，又飞入走廊，在电闸前爆炸，造成停电，无人员伤亡。

1997年7月14日下午，江苏省北部沛县，一个小孩在路上走着，突然一个球形闪电从天而降，垂直向小孩掉下来，小孩跑了几步之后，火球落地爆炸，所幸并无伤亡。

1997年7月19日下午16时许，位于广西桂林市中心的广西师范大学也遭遇了球

形闪电。

当时天空多云，随着空中一声巨响，校内11号宿舍3楼314房间飞进一颗直径约0.3米长的大火球。火球在屋里按水平方向运行了3米多远，落在近门口处消失。

与此同时，对面316房间里同学也看到窗外有一个碗大的火球，垂直下落。两屋的学生在火球出现时都感到有强烈的震感，有的同学说，就像被人重重地推了一下，有的说腿部发麻。

1999年3月16日下午，湖北省北部的枣阳市忽然间闪电频发，雷声惊天，造成当场9人死亡、20余人受伤的罕见灾害。据目击者称，雷击现场有一片红光，这正是球状闪电的特征。

2007年8月21日傍晚，广东省广州市海珠区赤岗路一带雷电交加，一团闪电从天而降，把目击者惊得发呆。那道闪电像一个很大的火球，发出很强的蓝绿色的光，还震坏了不少居民家的电器。

2009年6月的一个下午，山东省中部的邹城市下雷雨时，据目击者称，在第四中学一个球状闪电随着一声巨响和一片红光爆炸了。

2009年8月4日上午，位于河北省石家庄市西兆通镇南石家庄村的村民自建一临街房屋，遭雷击突然倒塌。

9时15分左右，突然一声雷响，只见一直径约1米多的耀眼火球击中房屋西北角，瞬间房屋自北向南依次倒塌，将避雨的人员埋在废墟中。而那个火球正是球状闪电的特征。

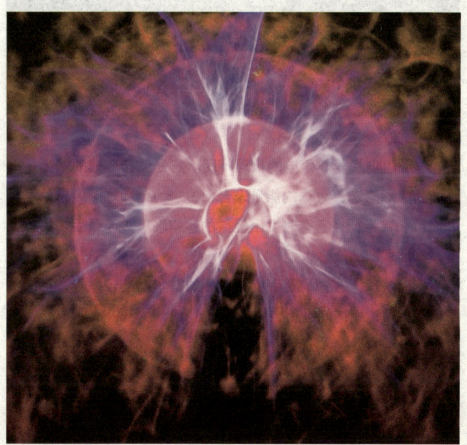

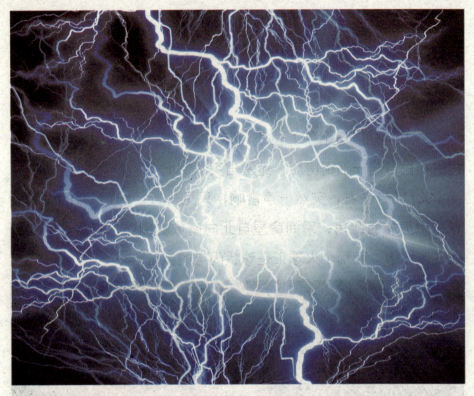

球状闪电是怎么形成的

　　球形闪电和一般闪电的机理不同。它是怎样形成的？为什么会成为火球形态？火球的能量来自何方？为什么球形闪电的发光时间很长？为什么它有时发出轻微的"噼啪"声而最后消失掉，有时却震耳欲聋地爆炸呢？

　　长期以来，这些问题令世界各国的科学家苦苦探寻，不得其解，各种假说相继问世。

　　第一种看法是美国科学家提出来的，他们在北美洲平原拍下了12万张闪电照片，得出一个看法：球状闪电是从常见的闪电末端分离出来，是一些等离子体凝结而成的。

　　第二种看法是苏联科学家提出来的。大气物理学家德米特里耶夫有一次巧遇，1956年，他在奥涅加河边度假。他休息也不忘收集收集资料，因此在背包里总是放着一些烧瓶，以便随时采集空气样品。

有一天傍晚，遇上了暴风雨和雷电，突然他看到一个淡红色的火球，在离地面一人高的地方朝着他滚来，火球边缘放出黄色、绿色和紫色的小火花，发出"噗噗"的声音。火球滚到他眼前，拐了个弯，向上升起，滚到树丛中去了。在树丛上，急速地转了几个圈，很快就消失了。

德米特里耶夫由于职业的敏感，立即采集了球状闪电经过的地方的空气，拿到实验室一分析，知道空气里的臭氧和二氧化氮增加了。

于是，有些科学家就做了一些理论分析，估计球状闪电内部的温度达到1500摄氏度至2000摄氏度，在这样的温度下，空气中的氮的性质发生了变化。从不活泼变得活泼起来，并能与空气中的氧生成二氧化氮。同时，在2000摄氏度的高温下，也容易形成臭氧，臭氧很不稳定，又分解开来并放出能量，空气的温度迅速上升，人们就看到了火球。

实验证明，这两种气体同时存在的时间，大约在14秒至2400秒之间。这种说法可以归结为空气中存在着发光气体。还有两种看法是：等离子层内的微波辐射；空气和气体活动出现反常。

人们至今尚未在实验室中制造出真正的球状闪电，虽然已模拟出了极微型又短命的球状闪电。

事实上，所有的理论在球状闪电的复杂多变性面前都显得那

么单薄。一个真正的球状闪电理论应说明所有的现象，包括没有雷暴的情况和球状闪电持续很长时间及球状闪电大如房屋的情形。而要说清这一切，需要更强大的理论。

有人认为，更有说服力的解释应是接近冷聚反应领域，与等离子体现象相关的理论。更有人提出球状闪电和龙卷风一样都是等离子团的现象。还有人设想，最佳的理论可能是把电磁学、电学和等离子及纳米理论综合起来的想法。

总之，球状闪电不仅有趣，而且包含了很多秘密，一旦了解了它的本质，对我们人类的生活或许会有深远的影响。

奇异闪电创造的奇迹

1962年夏季，我国科学

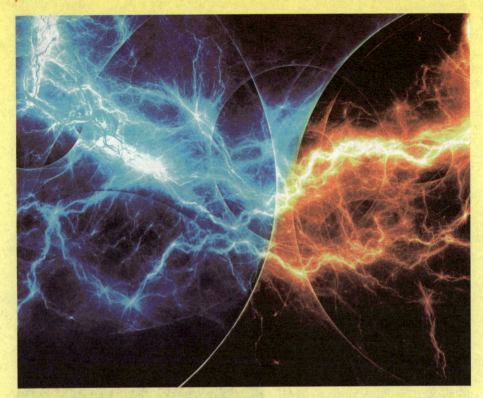

工作者在泰山顶上对雷爆进行研究时，亲眼目睹了一次奇怪的球状闪电。

7月22日傍晚，山东省泰山上大雨倾盆，电闪雷鸣，突然一声巨响，在窗外冒雨工作的科学工作者发现一个直径约0.15米的红色火球从西边窗户的缝中窜入室内，以每秒钟2米至3米的速度在空中移动。

大约几秒钟后，又从烟囱里飘出。在离开烟囱口的瞬间，发生了爆炸，火球也消失了。桌子上的热水瓶、油灯都被震碎，烟囱也被击坏。

火球所经过的床单上，留下了0.1米长的焦痕。

1981年7月9日，随着一声惊雷，人们看到两个橘红色的大火球，带着刺耳的呼啸声，从乌云中滚滚而下，坠落在上海浦东高桥汽车站。两个火球在地面相撞，发生一声巨响，消失了。

在美国的一个叫龙尼昂威尔的小城里发生了一件怪事：一位主妇从市场回到家里，打开电冰箱一看，发现里面放着烤鸭等熟食品，可是她清楚地记得，这些东西放进去时是生的。

"上帝啊，出现奇迹啦！"女人惊叫起来。

经过科学家的研究才明白，这是球状闪电开的玩笑。不知怎么搞的，它钻到电冰箱里，刹那间把冰箱变成了电炉。奇怪的是，冰箱竟没有损坏！

奥地利一位名叫德莱金格的医生的钱包被盗。钱包上有个不锈钢的"b"字。当晚，他被请去为一个遭雷击的人看病时，发

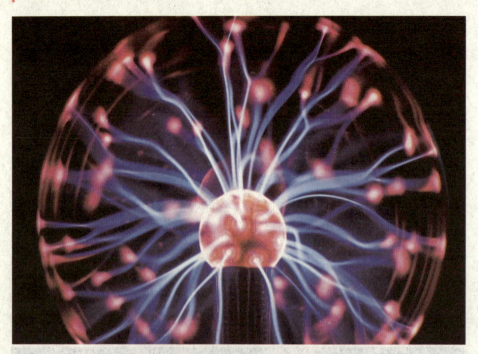

现那个人的脚上印着两个"b"字，同医生钱包上的"b"字大小相同，结果钱包就在这个人的口袋里。雷电创造了许多奇迹，有些至今仍是个谜。

延 伸 阅 读

　　俄国科学家里奇曼研究雷电，重复富兰克林的风筝实验，没料想一个球状闪电脱离避雷针，无声无息地飘进实验室内。这个只有拳头大的火球在靠近里奇曼脸部的时候，突然爆炸。里奇曼立即倒地死去，脸上留下了一块红斑。

各地气象奇观

竹椅子散架之谜

我国南方盛产竹子。北方用木头做原料的生活用品，在南方几乎都可以用竹子代替，一般家庭里常见的就有竹桌、竹椅、竹凳、竹茶几、竹躺椅等。

用竹子制作的这些日用品，坚固、美观、实用，价钱也便宜。就拿竹椅子来说吧，既结实又光滑，夏天坐在上面还感到凉丝丝的，挺舒服。去南方旅行或探亲的北方人，有时会带回几件

竹制用品。

　　可是回到北方不久，尤其是到了春季，这些竹制品就变样了：竹片间出现了大缝，竹针掉出来，坐到竹椅子上摇摇晃晃，"嘎吱嘎吱"响，时间一长，竹制品就散架不能用了。不但竹制品是这样，从南方运到北方的一些木器家具，也会开裂变形。

　　原来，这是湿度不同造成的。我国各地不但温度不同，降雨量不同，而且空气的湿度也大不相同。我国南方阴雨天多，雨量大，湖塘密布，河流纵横，田野里多是水稻田，而且温度比较高，所以空气中水汽的含量大，湿度也就大。竹、木材料中水分的含量相应的也会高一些，在自然条件下制作的家具里也就含有较多的水分。

　　北方地区降雨少，田野里水面也少，空气湿度本来就低。到了春季，红日高照，气温急剧升高，蒸发量非常大，可是又干旱少雨，所以空气十分干燥。从南方运来的竹木家具，由于里面所含水分的散失，就会收缩变形，要么开裂，要么就散架不能用了。

冰雪盖成的房屋

格陵兰岛和加拿大北部的因纽特人用长刀把密实的雪切成一块块宽大厚实的雪砖，用雪砖在地基上砌成直径约3米的圆形基础。人站到里面用砖层层向上砌，当砌到两三层时，一侧开一个门供临时出入。每砌一层就往里缩小一点，砌到顶上时就只剩一个小洞，最后用雪砖堵住小洞，砖与砖之间的小缝隙用碎雪封密。为了不让室内与外界完全隔绝，他们再挖一条地下通道便可自由进出。

那么，雪屋内是否跟冰窖一样寒冷呢？人在里面会不会冻成冰棍呢？当然不会。屋内要比外面暖和得多。因为雪屋是全封闭的，严密得连缝隙也没有，外面的冷空气无法钻到里面去。雪的传热性又很差，0.2米厚的雪砖是很好的隔热材料，使雪屋里的热量不易散发出去。

当旅行者被寒风冻得四肢麻木时，只要一踏进雪屋，就会倍感温暖。有的还在雪屋中央燃起篝火，那更是温暖如春。若在旁

边铺上北极熊皮，一家老少围坐在那谈笑、喝茶，真像是坐在水晶宫里，那更是别有一番情趣。又因为室外的气温在零下几十度，因而，即便烧着篝火，雪屋也不会化掉。

枪声响风雨来

1978年6月的一天上午，有人到云南省碧罗山采集动物标本，11时许，晴空万里，骄阳似火，忽然发现树丛中跑出来一只鹿，那人迅速举起猎枪向鹿射击，鹿应声倒地。

三四分钟以后，整个半山腰大雾弥漫，稍后便天昏地暗，狂风呼啸，接着下起了倾盆大雨。之后，又出现了两次枪声之后，随后大雾、大风相继袭来，紧接着又是一阵倾盆大雨。为什么呢？

其实在碧罗山所以能出现"呼风唤雨"的现象，是与当地的地形和气候条件有关。

六七月，正是碧罗山的湿季，空气又湿又热，这些湿热的空

气都积存在湖畔的山谷里。可是山顶上却是冰雪封山，空气又干又冷。平时，这里湿热空气与干冷空气都各自相安无事，可是枪声一响，声波回荡在山谷间，来回振荡的声波把湿热和干冷空气搅动起来，两种不同性质的气团搅和在一起，就变成浓黑翻滚的云层，然后是刮风，紧接着便是一阵滂沱大雨。

隔岸观雨

在我国江南水乡有一个很特殊的村庄。这个村庄的南面和北面都有一条河流。一到午后，在村庄周围附近便出现雷鸣电闪，紧接着便下起倾盆大雨。这时，人们都走出家门，站在门外隔河观雨，而他们从不担心这雷雨会淋到他们自己头上来。

其实这是一种冷湖效应。盛夏，由于地貌不同，空气受热程度有明显差异。太阳光到达裸露的地面后，非常容易被反射到大气中，使近地层上的空气温度很快升高，成为一个热源；当太阳

光到达江湖与河流水面后，一部分日光透射到水中，而反射到空中的热量较少，成为一个冷源。这种由于水面而产生的效应就是冷湖效应。

热雷雨的产生，是由于低层暖湿气流不断上升所致。在陆地上，有些地方温度较高，可以连续不断地提供水气和上升气流，又因受低空气流的影响，热雷雨总是向一定的方向移动。

当雷雨云移到江湖河流水面上空时，遇到的是冷源，在冷湖效应作用下，空气下沉，雷雨云得不到上升的支撑力和水汽的输送，便立即减弱甚至停止。

村庄由于南北濒临水面，河对岸上空的雷雨因为受到冷湖效应的影响，因此雷雨就不能移到村庄上空，人们就只能隔河观雨了。

旱季水位涨雨季水位降的奇潭

在山东省济南西部腊山岩体深处有一奇潭，越到旱季水位越涨，越到雨季水位越降。

据发现深潭的原腊山石料厂厂长介绍，有一年石料厂在山上放了最后一炮后，就有了这处深潭。此潭幽深莫测，据探测至127米处仍未探到底，潭水究竟多深仍是一个谜。

此潭蓄水量很大，曾在72小时内从潭中抽水7000立方米，水位不但未降，反倒上升了0.2米。更令人奇怪的是，这潭水干旱季节水位上升，雨季反而下降。3月份干旱时，潭中水位不但未下

降，反而上升1米多，而到了八九月份的雨季，水位反而下降近2米。今年春天虽持续干旱，但三四月份潭中水位较去年10月份上升了8米。

后来，经山东省卫生防疫部门化验，潭水干冽纯净，无菌无味，内含锶、钙、镁等多种矿化微量元素，长期饮用，对人体肝、胃、心、肾等大有益处。

据地质水文专家分析，此潭所处的位置地质结构为花岗岩与石灰岩侵入体结合部，其形成于亿年以前。潭中蓄存的水源受周围地带水水位升降变化影响极其微弱。那么如此宝贵的天然矿泉水到底来自何处，有关部门正在进一步研究。

阴晴分界的火焰山

长期居住在台湾北部的人都会注意到，冬季阴雨的日子特别长。但在中南部地区，每年进入10月以后，直至翌年的梅雨季来

临前，天气总是晴朗，难得有几天下雨的日子。

南北天气差异形成强烈的对比。在冬天，曾在高速公路行车的人可能都有经验，当车子由北部南下时，沿途天空总是那么阴沉，尤其到了苗栗一带，经常云雾弥漫，有云深不知处的感觉；然而一过火焰山，下坡到了大安溪桥，暖和的阳光乍现，眼前呈现另一片蔚蓝的天空，不禁令人心情开朗起来。

为什么仅一山之隔天气会有这么大的差异呢？因为冬季挟带冷湿空气的东北季风的厚度多在2000米以下，在台湾东北部受到高度2000米以上之中央山脉、雪山山脉所阻挡，到了火焰山一带已成强弩之末。

除非东北季风特别深厚，一般因地形作用，在迎风面所产生的低层云及地形雨，不易翻山而过影响到台中地区。因此，火焰山成了天然的分界，山南与山北的自然景象迥然不同。

冰天雪地里的北极柳

北极大地天寒地冻。这里生长着一种特别令人惊讶的北极柳树。柳树在世界各个地方都能看到，它长得高大巍峨，是多年生木本树木。

但是，在北极草原上的柳树，虽然也是木本，却非常低矮，小得可怜，只能贴着地皮生长，就连灌木都算不上。鲁智深倒拔垂杨柳是为了说明他有力气，柳树根深叶茂。但北极的柳树让人不费吹灰之力、只要轻轻一提就会连根拔起。

北极的气候很特别，与其他几个洲的陆地相比，这里大风日数多、风力强，柳树稍稍长起来就会被吹倒，所以只能匍匐在地；而地下面又是冻土层，树根扎不下去，所以它只能长成丛状，看起来可怜兮兮的。

看不见的隐形云

苏联科学院西伯利亚分院大气光学研究所的学者们在苏联中

亚、西伯利亚和远东地区上空发现了一种隐形云,又称透明云。

这在人类大气观测和研究历史上是第一次。据说,这个研究所的学者们在乘飞机对西伯利亚和远东地区上空的大气进行观测时就曾发现,天空中阳光灿烂,万里无云。可飞机上的云层观测雷达屏幕上却出现了清晰无误的云层显示。经过几年的连续观察和测试,学者们又在其他地区上空多次遇到这种隐形云。

1982年,学者们在西伯利亚飞行时遇到了一块隐形云,经测定,发现它的面积达600平方千米,云层厚度为500米。

大气光学研究所所长祖耶夫指出:隐形云由极微小的分子构成,几乎不反射阳光,因此人眼看不见。这些微小的分子主要采自火山爆发的微粒尘埃,它们在高气压的影响下,一般在1200米至3500米的空中形成隐形云。

有意思的是,隐形云只在阳光充足的晴朗天气才有,落日时

刻最容易捕捉到它们。隐形云的长度一般在40千米以内，云层厚度在100米以内。这个研究所把这种隐形云定名为"中范围悬浮颗粒云"。这种云的有关机制以及对大气的影响等，还在进一步研究中。

延 伸 阅 读

在我国四川省宜宾县隆兴风景旅游区内，人们发现一株生长了上千年的古榕树上又生长出一棵油樟树，形成了"树上长树"的奇观。这棵古榕树树干周长12米，油樟树直径约15厘米。林业专家认为，形成的原因大概是飞鸟衔来油樟种子落在古榕树分枝之间的洞穴里，久而久之便"寄生"在古榕树上。

神奇壮美的云瀑

神奇壮美的云瀑

夹金山又名"甲金山"，藏语称为"甲几"，夹金为译音，意为很高很陡的意思。

夹金山海拔4124米，它横亘在四川省小金县达维乡与雅安市宝兴县之间。这里地势陡险，山岭连绵，重峦叠嶂，天气复杂多变。当地流传着一首这样的民谣："夹金山，夹金山，鸟儿飞不过，人不攀。要想越过夹金山，除非神仙到人间！"

然而，在这样人迹罕至的地方，却有着极其美妙的独特景观，

其中，有如大江决堤般雄浑壮美的云瀑，更是堪称人间仙境。

云海如大江般决堤，滔滔云海如千军万马般从山顶直冲下来，翻江倒海的场面令人十分震撼。白云飞舞着，在强劲的高原风吹拂下，争先恐后地向山下逃窜。从半山腰往上看，咆哮奔涌的白云如一条条瀑布挂在山间。来到山顶，这里又是另一种景象：铺天盖地的云雾就在面前翻滚，云雾缭绕，仅露出一个个山头，不一会儿，云雾便冲到面前，将人完全笼罩在了一片白茫茫之中。

夹金山云瀑，是一种可遇而不可求的现象。民间传说，夹金山是神仙聚会之所，因为这里景色奇美，天上的神仙经常来聚会，每当神仙一出现，夹金山就会云雾缭绕，从而出现壮观美丽的云瀑现象。据说运气好的时候，人们还可以看到神仙的真面目呢！

奇特的"佛光"现象

当夹金山出现云瀑的时候，站在高处的人们，有时会看到传说中的"神仙"出现。站在夹金山山顶，环顾四周，但见白云茫茫，好似大海汪洋，游人宛如置身于孤岛一般。

正当人们对眼前如梦如幻的仙境赞叹不已的时候，突然，面前的云瀑中，出现了一轮巨大的光环，光环开始为白色，渐渐地白色变成了彩色。

光环越来越大，越来越近，似乎触手可及。奇特的一幕出现了：光环中有硕大的影子显现，影随人动，或抬手，或举足，栩栩如生，令人十分惊异，其情其景宛如传说中的观世音菩萨显灵。

这种奇特的现象，就是我们经常所说到的"佛光"。这种罕见的气象景观，在多雾的山区常会出现：早晨人站在山顶上，当背后有太阳光线射来时，他前面弥漫的浓雾上就会出现人影或头影，影子四周常环绕着一个彩色光环，这个光环就是光线射入雾层之后，经过雾滴反射形成的。

夹金山"佛光"，也是因为云瀑中空气湿度很大，为太阳光线提供了充裕的"游戏场所"。

在云层之上，当太阳金灿灿地散发出万道金光时，云雾水滴中的空隙便会发生光的辐射作用，从而产生内紫外红的彩色光

环，色带排列正好与虹相反。

如果观者与太阳和光环恰好在一直线上，就可以看见人影映于光环之内，人行影也行，人舞影也舞，于是乎一些游人就飘飘"遇仙"了。翻越夹金山，进入山的另一面后，呈现在人们面前的茫茫云海和"一山之隔两重天"、"一山有四季"等奇特景象，令人叹为观止。

云海是如何形成的

夹金山的东坡，属四川省雅安市宝兴县。翻过山顶，便进入了茫无际涯的云海之中。这么多的云雾是如何生成的？它们和山另一面的云瀑有何必然联系呢？

原来，夹金山云海的形成，与其所处的地理地形条件密切相关。夹金山东坡，是平畴千里的四川盆地，而西坡则是巍巍耸立的青藏高原。

四川盆地的暖湿空气常在夹金山东坡上升凝结，加上东坡喇叭

口的地形，暖湿空气只能进不能出，因而常常形成大面积的云海。

云海沿山抬升，在翻越山顶后，由于西坡空气干冷，云海遇冷后迅速下沉，并从山顶一带决堤而下，从而形成了十分壮美的云瀑。

一山之隔两重天

仅仅一山之隔，但山两边的气候、地貌、植被、土壤等却天差地别。在宝兴县这边的夹金山麓下，公路两旁草木葳蕤丰茂，原始森林郁郁葱葱，近处青绿苍翠欲滴，溪流纯白如银，水声潺潺。入春后，更显山花烂漫，处处鸟语花香——这里的景色可谓妖娆迷人，可气候却实在不敢恭维，不是霪雨霏霏，就是白雾迷茫。

当翻过垭口，呈现在眼前的却又是另一番天地：蓝天无垠，艳阳朗照，朵朵浮云洁白无瑕，空气透明清新，放眼能看到前方耸入云端的冰山雪峰，俯视脚下的大地，则见高低不平的黄土地上一片荒凉萧瑟。

这里群山裸露，土丘寸草不生，而且气候异常干燥，热风劲吹，溪水断流。谁能想到，仅仅一山之隔，两边的气候差异却如

此之大，难怪当地有这样的谚语："过一山，另一天"、"一山之隔两重天"。夹金山为什么会形成这种特殊的气候差异呢？

　　原来夹金山的山体呈有秩序的南北走向，这使它的东坡，即宝兴县境内处于迎风面，大量的暖湿气流在这里因抬升作用而凝结成雨滴下降，因此东坡雨水偏多；西坡因高大山体阻挡，暖湿气流在跨越时几乎丧失殆尽，而且过山后的温度也会过高，导致剩余的水汽蒸发，再加上西坡一带地形闭塞，气温较高，蒸发旺盛，很难形云成雨，因而西坡一带的气候干燥、少雨。

延　伸　阅　读

　　广东省茂名市东南的电白县，因当地多雷电而得名。四川省凉山彝族自治州的雷波县，据传此地多雷，行人经过必须默默无声，若高声必有雷霆之应。看来，雷霆之威被人们蒙上了神秘的色彩。

战争中的气象趣闻

德军大战北极 "飞熊"

第二次世界大战期间，德国军队化装后赴北极冰川海口建立气象探测网。当他们登上北极冰川时，发现有数百只会飞的 "北极熊" 铺天盖地地向他们袭来。在惊慌之中，他们急忙开枪向 "北极熊" 射击。经一小时激战，"飞熊" 突然间被消灭。他们走到前方一看，奇观！怎么遍地都是海鸥的尸体呢？ "飞熊" 哪里去了？

后来气象专家分析，这是在他们登陆之时，有一股密度较小

的暖气流进入上空，上下空气密度差异较大，出现了海鸥变"飞熊"的视觉影像。开枪射击后，火药的硝烟弥漫搅乱了上下层空气，因而"飞熊"又变成海鸥。

海市蜃楼吓坏法军

1798年，拿破仑率领30000法军进攻埃及。

有一天，一支侵略埃及的法军在进行途中，突然看到前面有一片模糊的湖山景色，景物倒悬在空中，不一会儿，湖泊又消失得无影无踪，随之他们又看到草叶变成棕榈树丛。这种变幻莫测的影像使法军十分惊慌，不知所措。士兵们个个被吓得跪地祷告，祈求苍天保佑他们平安无事。

原来，这变幻莫测的影像，是当今人们已经很熟悉的海市蜃楼现象。而在古代无法解释的气象现象，令当时的法国军队以为灾难降临，是上帝在惩罚他们。

风向突变毒气害己

在第一次世界大战期间的1915年4月22日，德军通过事先周密的气象观测与分析，利用吹向联军的微风天气，据称当时风速为每秒2米至5米，在位于佛兰德的伊普尔阵地施放毒气，致使联军纷纷溃退。

但在稍后5个月的一天，德军因为前次得胜，想故技重演，向法国香槟地区的前沿阵地施放毒气，当毒气施放之后，天有不测风云，风向却突然发生了变化，大风吹向德军阵地，结果德军伤亡惨重。

溽暑气候灭日军五万

我国的滇西、滇南热带山林，空气潮湿。新中国成立前是出名的烟瘴之地，其中以怒江、澜沧江、元江等地河谷瘴气最多。明代云南著名文学家杨升庵有诗为证："潞江八弯瘴气多，哑瘴须臾无救药。"

所谓瘴气者，即是热带山林溽暑郁蒸的潮湿空气，每年4月至10月为雨季，温高湿重，瘴气尤为盛行，而"瘴气伤人"的惨状最

可怕。同时湿热的气候条件又极利于蚊蝇孳生及多种病菌的传播。

第二次世界大战期间，日军10万兵力从缅甸进入我国云南，结果宛如一群恶魔陷进一片无法逃脱的瘴气死亡之海，致使50000日军不战而亡。

自诱雪崩双方损兵

1916年12月，第一次世界大战期间，意大利、奥地利两军为争夺战略要地阿尔卑斯山脉的杜鲁米达山，双方各陈兵数十万人。决战期间，当地突然连降3天大雪，并伴有8级以上的大风，山上积雪不断增厚，尤其是陡坡中的积雪更多。双方面对积雪不约而同地想到可利用雪崩置对方于死地，各自指挥官立即下令调转炮口，向对方雪峰狂轰。

结果是只听见山崩地裂般"轰隆"声不断，雪峰溃塌了，似泥石流般的冰雪"洪流"倾泻而下。结果这场人为制造的大雪崩，持续了48小时，致使双方死亡18000人。

气象地名趣谈

因多云雾而命名的地名。广东西部有个云雾山，因其主峰四季云雾不散而得名，贵州省贵定县也有一个云雾山，是因其常年云遮雾绕而得名。

台湾省台中县东半部高峰处经常为云雾所笼罩，当地的一个集镇便被称为雾峰。

福建省中部德化县有一高山，主峰海拔1800多米，因其山顶高耸，雄跨数千米，常有云集其上如高山戴帽，因而得名戴云山。

在广东省西北粤桂两省交界处，有一山主峰高1000多米，森林茂密，常有云盖其上，因此得名云盖山；广州市的白云山则因其山上多白云而得名。

江苏省徐州市的云龙山，山虽不高，海拔只有100多米，但因山顶云雾环绕，其形状蜿蜒如龙，因而得名。

以雪为源的地名。最著名的有四川省西部的大雪山，其海拔高达4000米至5000米，山势高峻，因终年积雪而得名。

云南省丽江市玉龙纳西族自治县北部有两山相连，海拔5000多米，山顶终年积雪不化，从百里外就能看到此山似一条飞翔在蓝色天空的玉龙，因而被称玉龙雪山。

因当地冷暖而得的地名的有四川省西南的大凉山和小凉山，都是因其海拔2000米至4500米、四季寒冷而得名。四季温和的地名有广东省阳江市北部的阳春县，因其地一年四季如春而得名。

浙江省温州市，是因在温峤岭以南，恒温少寒而得名。台湾省的恒春，是因其地处台湾的最南端，四季皆春而得名。

云南省绿春县，县城四周青山绿水，森林茂盛，因一年四季气候温和而得名。

　　湖南冷水江则因江水两岸多井，井水冰凉汇入溪内，流入资水而得名。

　　浙江省洞头县西部海中有一山，岛上山高多雾，常见霓虹，因而取名霓屿。霓屿虽美，但地名不多。

　　山东省东南部的日照县，因东临大海，日出先照故称日照；广东省清远市的阳山县，因该县有阳岩山，日出先照而称阳山；四川省布托县的火洛觉镇，则是藏语地名，意为地处日照较长的坝子上。

　　位于在四川省西南部的横断山脉地区，有一座神奇的贡嘎

山。在此若发出一声高喊或一声枪响，便能使在约20平方千米范围内出现云雾和降水。

云雾是从小至大，由淡变浓，发展速度极快，不长时间，云雾浓厚，有时会达到伸手不见五指的程度，同时大雨"哗哗"，使人无处可躲。由于此山如此奇异，故被称为"听命山"，又名"惊山"。目前，惊山仍是未解之谜。

延 伸 阅 读

海市蜃楼是一种因光的折射和全反射而形成的自然现象。它也简称蜃景，是地球上物体反射的光经大气折射而形成的虚像。海市蜃楼常在海上、沙漠中产生，根据颜色可以分为彩色蜃景和非彩色蜃景等等。